浙江文艺出版社
Zhejiang Literature & Art Publishing House

图书在版编目(CIP)数据

化学变简单．无法熄灭的火焰 / 巨英著；绘时光绘．—杭州：浙江文艺出版社，2024.4

ISBN 978-7-5339-7468-8

Ⅰ．①化…　Ⅱ．①巨…　②绘…　Ⅲ．①化学－儿童读物　Ⅳ．① O6-49

中国国家版本馆 CIP 数据核字 (2024) 第 021135 号

策划统筹	岳海菁　何晓博	**特约策划**	梁　策
责任编辑	沈路纲	**特约编辑**	张凤桐
责任校对	牟杨茜	**漫画主笔**	李集涛
责任印制	吴春娟	**发行支持**	邓　菲
装帧设计	果　子	**特约美编**	李宏艳
营销编辑	周　鑫　宋佳音		

化学变简单　无法熄灭的火焰

巨英 著　绘时光 绘

出版发行 浙江文艺出版社
地　　址 杭州市体育场路 347 号
邮　　编 310006
电　　话 0571-85176953（总编办）
0571-85152727（市场部）
制　　版 沈阳绘时光文化传媒有限公司
印　　刷 杭州长命印刷有限公司
开　　本 710 毫米 ×1000 毫米　1/16
印　　张 6.75
版　　次 2024 年 4 月第 1 版
印　　次 2024 年 4 月第 1 次印刷
书　　号 ISBN 978-7-5339-7468-8
定　　价 29.80 元

人物介绍

奥特

- **性别：** 男
- **年龄：** 10 岁
- **故乡：** 门捷列夫星球
- **特长：** 学富五车，无所不知，但却对地球上的生活常识一窍不通
- **性格：** 活泼，自信，好为人师，看见好吃的就会忘记全世界

他的故事： 奥特来自门捷列夫星球，那里的科技非常先进，门捷列夫星球人也和地球人略有不同，他们的身体里置有芯片，头上戴着天线，上知天文下知地理，无所不通。奥特在星际旅行中迷了路，偶然来到了地球，误入叮叮当当的家中，和他们成为好朋友，并长期居住下来。他们之间发生了很多搞笑的事情。

叮叮

- **性别**：男
- **身份**：当当的哥哥
- **年龄**：12 岁
- **性格**：捣蛋鬼，乐天派，不懂装懂大王

他的故事：叮叮学习一般，懂的有限，但却总喜欢在人前假装知识渊博，因此经常弄巧成拙，不能自圆其说，或者被妹妹揭穿。但他脸皮厚，善于自我解嘲。虽然经常捉弄妹妹，但实际上却很爱她，当妹妹有危险时，会第一时间冲到她身边保护她。叮叮掌握了拿捏奥特的方法，那就是美食诱惑。

当当

- **性别**：女
- **身份**：叮叮的妹妹
- **年龄**：10 岁
- **性格**：疯丫头，小问号，小炮仗，糊涂蛋

她的故事：当当经常因为疯玩引来很多麻烦事。由于对什么都好奇，所以她会不断地提问，在探寻知识的过程中，又因为糊涂和冒失的性格总是把事情搞得一发不可收拾。但却具有锲而不舍的精神，会想方设法了解事物的真相。她总是和哥哥叮叮对着干，但又会因为比较糊涂，而忘记了正在吵架，最后不了了之。

老爸

- 年龄：37 岁
- 职业：程序员
- 性格：任劳任怨的“老黄牛”，虽然看起来木讷老实，实际是全家的主心骨，关键时候特别理性和冷静。

他的故事：老爸在公司兢兢业业，在家里任劳任怨，大部分时候默不作声，对待孩子们也很温和。关键时候很有主意，有很多让人意想不到的技能。虽然是个“妻管严”，但是很爱自己的老婆和孩子们。

老妈

- 年龄：35 岁
- 职业：业务主管
- 性格：爱美达人，天真善良，热心勤劳，是温柔如水还是暴跳如雷，全凭叮叮当当兄妹的表现。

她的故事：老妈是个美人，很有生活情调。她经常主动帮助需要帮助的人，有时候却弄巧成拙，把事情弄糟，令人尴尬。一般情况下她都很温柔，但被叮叮当当兄妹气坏了时，就会暴露出另一面。

目录

měi
镁
无法熄灭的火焰

噔噔噔噔
当当！奥特！
快出来看啊！
哇，烟花好漂亮啊！
轰隆！
轰隆
这五颜六色的是什么火啊？

老公，你也赶紧来看烟花吧。
社区每年都搞烟花大会，早看腻了。

哇！烟花好漂亮，人类好厉害啊……
轰隆！
轰隆！

轰隆！
轰隆！

我想想看……
老爸，烟花为什么是各种颜色的？

钡盐！
绿色的焰火是钡盐。
钾盐！
浅紫色的焰火是钾盐。
铜盐！
铜盐燃烧也是绿色的。
钠盐！
黄色的是钠盐。

哇哦，真是太漂亮啦！
这些金属元素真是伟大的魔术师啊！

哼，你们把镁置于何地！

美？我们就是在说焰火美啊？

我说的是金属元素镁！要不是它发出白色的耀眼的光，你们怎么能看到这些璀璨的焰火呢！
哈哈，多亏我照亮你们哦！

镁是一种银白色金属。
白白的、美美的！

走开！
镁在空气中会剧烈燃烧，而且很难停下来。

希腊城市美格尼西亚附近出产一种叫“苦土”的镁矿，它的主要成分就是氧化镁。

古罗马时，人们把硫酸镁七水合物称为“泻盐”，因为吃了以后会腹泻，泻盐曾经被用来治病。
先给你开点泻盐回家吃。
大夫我腹胀……

啊啊啊！又这么突然！
还是带你俩去看一看印象更深刻！

英国某乡村
该给牛喂水了。

啪！

唉，这皮疹真是痒得要命！

来，快喝水吧。

嗯？快听话，
好好喝水啊。

哎呀！
扑哧

呸！呸！这井水怎么这么苦啊。
哞（难喝）！

亲爱的，快来看啊！

亲爱的，怎么了？
你看我的手。

沾了井水后，我手上的皮疹居然好了！
天哪，真是奇迹啊！

你知道吗？西村安妮手上的皮疹被“神水”治好了！
真的那么灵吗？

乡亲们！神明在咱们村显灵了！
大家都去井里打“神水”吧！

快，老婆子！把咱们家里的水桶都带上！

哪来的噔噔噔的声音？
远处好像有一群人在跑过来。
噔噔噔噔

这是商场大减价吗？
神明显灵啦，大家都来打能治皮疹的“神水”！
哎哟喂！

噔噔噔噔……
“神水”？真的假的啊？
有那么灵吗？

难道真有“神水”？咱们也去试试吧！
喝了会不会变聪明啊？

哪有什么“神水”！
你们两个别傻了！

这是因为井水中含有镁。
井水不会被抢干吧？

再带你们去看下一个地方！
哞！

1903年 北京
今天我们也体验一回“照相”。
OK！这个角度和姿势都非常好！

好了，我要准备照相了，请保持微笑。

嘻嘻！
耶！

嘭！

哇哇哇！这是洋人妖术，要摄我魂魄！来人，快制止他们！
哇哇哇
哇哇哇

哈哈，这是镁光灯发出的亮光。

误会，这是误会。
什么美啊灯啊，肯定是妖术，先关进大牢再说。

哪有什么妖术，你们先听我说。
嗯？

镁光灯中有镁粉和氯酸钾。
镁粉
拍照的一瞬间它们会燃烧，发出强烈的白光，为拍照提供照明。

不过现在镁光灯早已经被淘汰了，都是电子闪光灯来提供照明啦！

真是的，奥特你不早说，害我俩也被吓一大跳。

可怕？！
镁还有非常可怕的一面，咱们一起去看看！

奥特！我不要去看啊！

轰轰轰轰
轰轰轰轰

敌人的轰炸机来啦！
快躲避！躲避！

要扔炸弹了吗！快戴头盔啊！
冷静点，戴头盔有什么用，快躲到防空洞里！

轰隆！
轰隆！

是燃烧弹！

哇！这火怎么烧得这么快啊！怎么扑都扑不灭！
呼呼
呼呼

怎么回事啊？奥特！

我来扫描一下炸弹残片。

天哪，这是镁弹！
镁弹？

这种炸弹含有大量的镁，当它们燃烧时，几乎不可能被熄灭。
因为镁化学性质活泼，不仅会和氧气发生反应，还会跟氮气、二氧化碳、水发生反应！

水都灭不了的火？我们岂不是死定了！

呼呼
不好，要烧过来了！
呼呼

奥特！先别讲解啦，快带我们回家！
这种炸弹的核心就是铝粉和氧化铁制成的铝热剂……
只有通过炸弹核心的铝热反应才能将镁弹……

镁这种元素脾气真是太古怪啦！
咻

你们三个又跑哪淘气去了？
终于回来啦……

烟花大会马上就要结束了。
啊？
什么也没看到就结束了？

老公，你不看烟花吗？
哈哈，这三个可爱的小家伙可比烟花有趣多了。
七嘴八舌
哼！你俩刚才只顾着自己跑！
没看烟花怎么能怪我呢！

？

光合作用的“发动机”

□ 原子序数：12

Mg

镁

■ 家族：碱土金属元素

■ 常温状态：固态

■ 颜色：银白色

好厉害的科学家

■ 法国化学家约瑟夫·布莱克在 1755 年辨别出苦土（氧化镁）与石灰（氧化钙）的不同。

■ 1808 年，英国化学家汉弗莱·戴维用熔盐电解法首次制得了金属镁。

好厉害的镁元素

合金车轮

照相机机身

烟花

好厉害的小知识

镁是构成骨骼的主要成分，它能辅助钙、钾的吸收。它具有预防心脏病、糖尿病、夜尿症、高胆固醇的作用，是人体新陈代谢的必备元素。

镁是叶绿素的重要成分，也是植物呈现绿色的原因。镁在光合作用中能够帮助植物将光能转化为化学能。

pí
铍
化学世界中的“防爆警察”

哈哈，终于到景点啦！
坐了好久的车，终于到野炊公园了。

哈哈，这次我一定要抓一只螳螂。
等会儿野餐我要大吃特吃，哈哈哈！

喂！你们两个不会又在想什么坏主意吧？

我们先去买门票啦。
我这是好心提醒！
奥特，你好烦啊！

哈哈，有顾客来啦。

这位美女姐姐，不好意思，能打扰您一下吗？

嗨！
啊……什么事？

锵——锵
像您这样的美女，配上宝石那就更加倾国倾城了！
请看看这块宝石！我们这里的宝石可是天下第一！

嘻嘻，真是的，我……我哪是什么美女姐姐啊，我都是两个孩子的妈啦，嘿嘿嘿。
哎哟，您太谦虚了。

老婆，我们还是赶紧去买票吧。

哎哟，这位先生，您觉得我们美女姐姐不配拥有这块宝石吗？
啊！这……

不会吧，不会吧，不会还有舍不得给老婆花钱的老公吧？
不……不是。

老婆，咱们还是赶紧走吧，那些宝石也没啥好看的，而且你戴上肯定也不好看。
“不好看”？

就！看！一！眼！不！行！吗！

老妈他们买票怎么这么久啊？

叮叮当当！你们快跟我来！

我看到爸爸妈妈进到这个“宝石城”里了。
宝石城
啊？什么“宝石城”，好奇怪的地方啊？

噔噔噔……
老爸！老妈！

这件完美祖母绿，只要8888元你就可以拥有！
先生，您是现金还是刷卡？
哇！

什么石头卖得这么贵？

我当什么呢，这不就是铍铝硅酸盐吗？
啊，轻点！

什么皮驴？
什么龟？

奥特，你又在那搞什么鬼？
你连宝石都不认识吗？
哎呀，别捣乱。

我们这可都是货真价实的宝石啊！可不是什么铍什么酸的。

哼！你们都看仔细了！

铍是一种灰白色的金属，它很轻，很硬，容易碎。铍既能被酸溶解，也能被碱溶解，是两性金属。
铍
祖母绿、红色宝石都是由绿柱石和少量过渡金属元素组成的。而绿柱石就是铍铝硅酸盐矿物。
铍带有甜味，它的名称来自希腊语，意思是“甜”，但铍有剧毒。

哇！铍这么神奇吗？快带我们去看看！

噼里啪啦
这次怎么这么积极啊。

这里是弹簧工厂。
哇！看起来好有趣的样子。

啊，这里扔着好多废弃物啊。

哇，都是弹簧啊。

但是这些弹簧都没弹性了，还又破又旧。

这时候就
轮到铍登
场啦！

咕噜噜噜噜……
在铜水中加入
一些混合了铍
的液体。

嗡嗡嗡嗡
你们再看看
新生产出来
的弹簧。

嗯？我看
一下。

哇，这个
弹簧又新
又亮！

弹性好
在铜合金中加了铍的弹簧弹性好，耐腐蚀，还可以抗高温。
耐腐蚀
抗高温

而且可以被压缩几亿次，堪称百折不挠的典范呀！
亿

快穿上防护服，再带你们去一个地方看看。
哇！

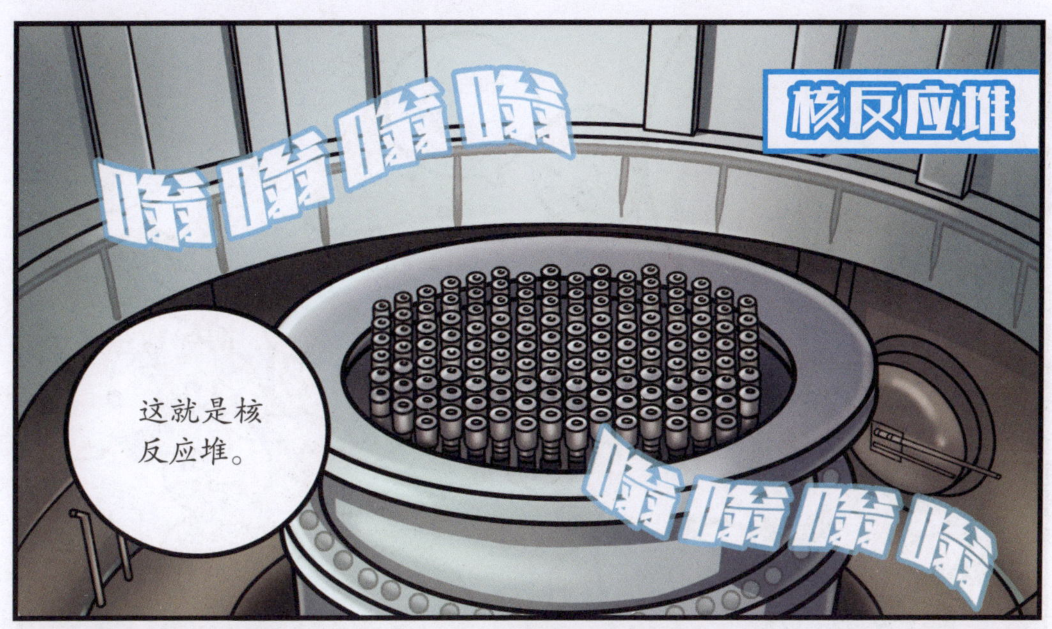
核反应堆
嗡嗡嗡嗡
这就是核反应堆。
嗡嗡嗡嗡

反应堆外包的那层金属就是铍的氧化物。
铍在哪里啊？

为什么要用铍的氧化物包？是因为它叫铍，所以要做外皮吗？

哈哈，当然没有那么简单啦。

核电站是通过核裂变发电的，核裂变是链式反应，反应时规模会越来越大，如果不加以控制就会引起爆炸。给其注入铍颗粒，就可以降低反应速度，核燃料就不会发生爆炸。
都给我冷静点！
哇！
嗨起来！
我要出去！

我要出去！
不行！
核裂变会释放很多中子，对人体伤害很大，用铍的氧化物把它包起来，中子就不会跑出来了！

再带你们去一个地方！
啊？还要去啊？

矿井
咣当
咣当
咣当
咣当
咣当

咣当！

这矿井里怎么有一股怪味啊？
是瓦斯的味道。

什么！瓦斯！那金属撞击的火花会引起爆炸的啊！
可以啊，你还知道瓦斯的常识啊。

但是没有看到金属碰撞的火花啊？

早说啊，吓死我了……
把铍加入青铜中制作出的铍青铜，有一个可贵的特点——受到撞击的时候不会产生火花！所以，在很多容易起火爆炸的地方，使用的工具都是铍青铜制作的！
铍青铜镐

此时此刻，宝石城……
姐，和你这么相配的宝石，你不买一个吗？
嗯……总感觉不太适合我。

嘿嘿，就给太太买一个吧。
啊，这……
唉！

啪！

哼，不管你们说得多天花乱坠，它不就是铍铝硅酸盐吗？
给您打个8折还不行吗？

打5折！

终于回来啦。
让你们久等啦，我们赶紧开始野炊吧！

就是嘛，我一看那宝石就不是什么好货，你戴上肯定也不好看。
“不好看”！

你这个人今天怎么回事！

今天必须把话说清楚！
唉，今天的野炊算是泡汤了。
误会！误会……
谁不好看！
你们人类啊……

透 X 射线的冠军选手

□原子序数：4

Be

铍

- 家族：碱土金属元素
- 常温状态：固态
- 颜色：灰白色

好厉害的科学家

- 1798年，法国化学家路易·尼古拉·沃克兰对绿柱石和祖母绿进行化学分析时发现了铍。
- 1828年，德国化学家弗里德里希·维勒用金属钾还原熔融的氯化铍而得到了单质铍。

好厉害的铍元素

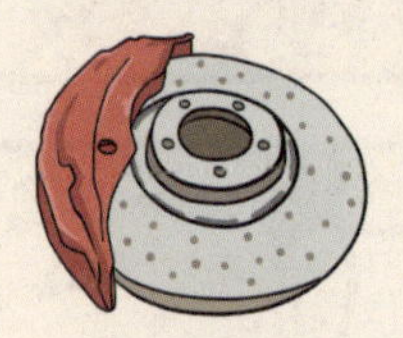

刹车盘

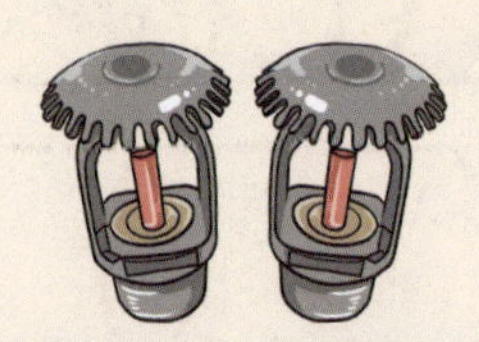

自动喷水灭火装置

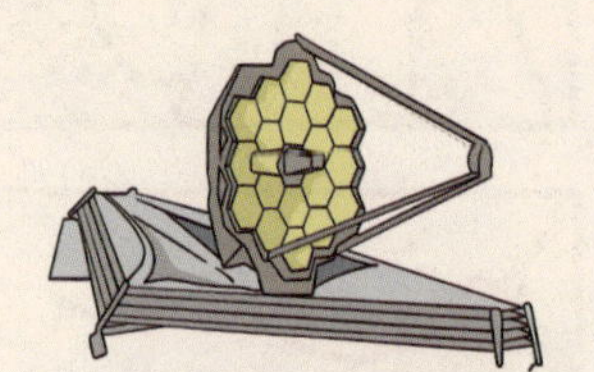

詹姆斯·韦布空间望远镜

好厉害的小知识

X 射线可以直接穿透铍，因为这个特性，铍常常用作 X 射线的透射窗。

铍具有毒性。每 1 立方米的空气中只要有 1 毫克铍的粉尘，就会使人染上急性肺炎——铍肺病。

kè
氪
咔嚓！“闪闪”惹人爱

哈！伸张正义！
要相信我们所有人的体内都有一个超人！
锵—锵

无敌小超人！加油！加油！

这个把内裤穿在外面的家伙为什么会有超能力？

因为他和你一样，来自外星球啊！
啊？

书上说无敌小超人来自宇宙中遥远的氪星，一个虚构的星球！
氪星……等等……

哦！我想起来了！

不对！氪是存在的。

哇！你还认识无敌小超人！
快带我们去见见超人吧！
哇哇
哇

不对！我说的氪是一种气体！

无所谓。
你好重啊！
氪气是无色、无臭、无味的气体，它比空气大约重2倍。氪元素很不活泼，很难和其他物质发生化学反应。
吵死了！

以前的照相机用镁粉做闪光灯，现在有一部分闪光灯用的是氪气。
老式相机
注入氪气的电灯泡是很亮的白色光源，所以氪气经常被用来制作荧光灯。
荧光灯

总之，氪是一种比较特殊的元素。

上啊！打倒那个怪兽！
小超人加油！

你们两个给我过来好好听！
啊！

你们知道氪曾经隐身了很久吗？
隐身？

看我的隐身斗篷！
对！氪星小超人确实也会隐身。

不是，我说的是氪元素“隐身”的故事啦。
唉，乱七八糟的倒是记得挺清楚。

1894 年，英国化学家拉姆赛和物理学家瑞利发现了氩，但在元素周期表中，却找不到它的位置。
放在哪都不合适啊……

哦！有发现！
拉姆赛写了一本名叫《大气中的气体》的书，预言氟、溴、碘后面还有三个未知元素，氦和氩之间还有一个不活泼的元素，并且开始寻找它们。
我找到啦，它一直隐藏在空气里！
1898 年，拉姆赛终于找到了氪，并将其命名为“Krypton”。

好厉害啊，
这简直堪比
侦探呀！

你们别看氪是个“懒虫”，它为科学发展也贡献了自己的力量。
嗯！

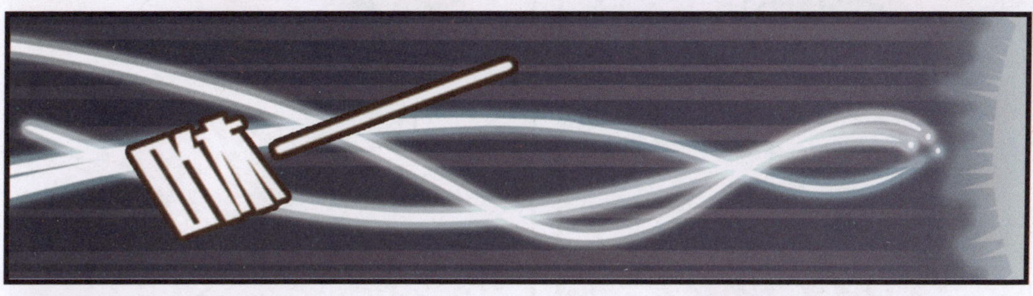
唰

18世纪 法国
现在开始讨论1米的标准是多长！
ASSEMBLÉE NATIONALE

你说的根本不对！
我这个方案是最准的！
应该按照我们国家的标准！
根本统一不了。
别吵了！我这个才准确！

唉……都先静一静。
我们可以暂时达成一个共识方案。

地球短时间内是不会发生变化的，子午线的长度也不会变化。
以经过巴黎的子午线长度的四千万分之一作为长度单位——米。

难道每次核准都得实地测量一遍吗？

噼里
啪

国际
米原器
直到1889年，国际计量局制造了一把“米原器”，规定1米就是米原器在0摄氏度时两端的两条刻线间的距离。

哇，那这样1米的标准问题不就解决了吗？

我的是对的！
我的才是对的！
很可惜，还是没有。
因为金属大多会热胀冷缩，很容易造成偏差。

有差异！
退货！

这样下去可没完没了，到底该怎么办呢？

1983 年国际度量衡大会重新制定米的定义：“光在真空中行进 1/299792458 秒的距离为 1 米。”
1米
1960 年第 11 届国际计量大会在废除旧的“米原器”的同时，也规定了新的“米”的标准，氪-86 同位素灯在规定条件下发出的橙黄色光在真空中波长的 1650763.73 倍就是 1 米。
太好了！标准终于能统一啦。

真不容易啊，没想到我们平时用的米尺是费了这么大的劲才确定下来的。

氪还有更厉害的功能呢！

北极？
走，我们去北极！

我们到了北极的科研基地！
天……天哪……要冻死了……
呼呼呼

你们人类可真娇气。
快躲到小屋里。

哇，看我发现了什么！
啊？

核试验后，氪-85在空气中的含量比南极足足高了30%！
是啊，铀和钚核裂变后，会产生氪-85。

赶紧把这一重大发现记录下来！

知道氡在空气中的含量不一样又有什么用呢？

作用可大着呢！

科学家可以通过检测某个地区的氪含量来判断这里是否有非法核试验。
借此来判断恐怖分子有没有搞秘密核试验！

唉，希望世界永远和平！

啾
啾

虽然又是米原器，又是核试验的，讲了半天……

都跟咱们没啥关系啊。
所以氪跟咱们的生活离得挺远的！

怎么能这样说呢，这些都是很重要的知识！

生活中处处都有可以学习的地方……
……% ¥⋆ ¥#%
……% ¥⋆ ¥#%
对待学习不能自满……
要多用心观察身边事物……
唉，又开始唠叨个没完了。
……% ¥⋆ ¥#%

哈哈，我们就安心地吃零食吧！
唉，又在贪吃……

哈哈，给他们一点小教训……

空气里有百万分之一的氪。
啥？
啊！
别以为没关系！

你每深呼吸一次，就会吸入上亿个氪原子。

现在这些被你们吸入的氪原子，正在你们的肚子里咕噜咕噜地打转呢！
哇哇哇

我刚才深呼吸了好几次！我死定了！好吃的都给你，奥特快救救我们啊！
嘻嘻！

吧唧
吧唧

哈哈，好吃，我告诉你们……
嗝

啊！奥特你故意的！讨厌！
哈哈哈，氪根本没有毒！

能孕育“超人”的元素

□ 原子序数：36

Kr

■ 家族：稀有气体元素

■ 常温状态：气态

■ 颜色：无色

好厉害的科学家

■ 1898 年，英国化学家拉姆赛分离空气时发现了氪。因为发现了氪等稀有气体，拉姆赛获得了 1904 年的诺贝尔化学奖。

■ 1935 年，法国化学家克洛德在灯泡内充入氪气、氙气，进一步提高了白炽灯的发光效率。

好厉害的氪元素

白炽灯泡

数码相机闪光灯

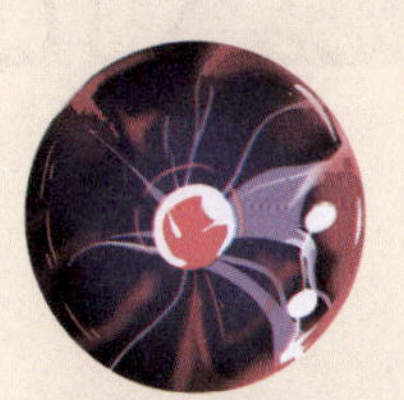

等离子体球

好厉害的小知识

氪元素不仅是化学家的最爱，还是科学漫画的宠儿。1938 年，在氪元素的大名的启发下，超人的母星被命名为氪星，这个星球上的一种强大的物质被称为氪石。

氪是唯一的工业来源是空气的元素哦！

xiù
溴
独特的非金属元素

外面一片白茫茫的雪景，好好看啊。

嘻嘻，老哥你不来欣赏雪景吗？

……

阿——嚏

谁让你昨天玩雪玩
那么久！先把感
冒治好吧。

叮叮，
快把药
吃了。

奥特看着叮
叮按时吃药
啊，我去趟
超市。
什么
药啊？

盐酸氨溴索分散片
盐酸氨……
“臭”？

咳咳！这是
什么臭东西！
盐酸氨溴索分散片
多大了还
怕吃药。

让我先看看什么药啊……
盐酸氨溴索分散片

盐酸氨溴索分散片？原来这里面含有溴元素。
溴元素是啥？

溴元素名如其人，“氵”代表它是液体，“臭”字又代表它有刺鼻的臭味，小小的一个字就概括了溴元素的两个特点。
溴被称为“海洋元素”，因为地球上几乎99%的溴都在海洋中。

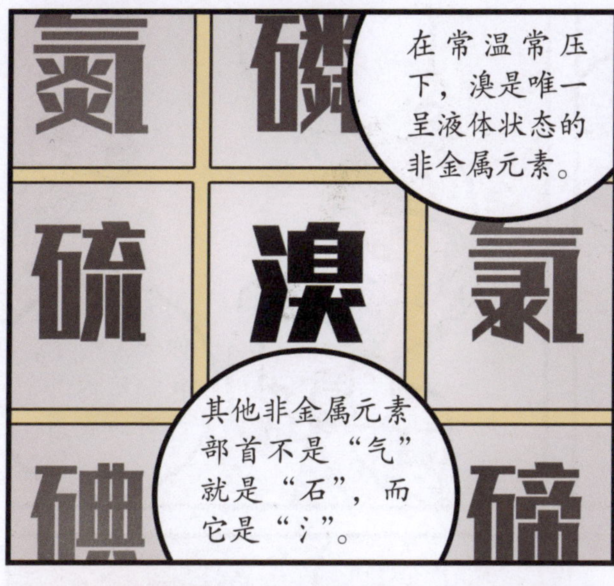
在常温常压下，溴是唯一呈液体状态的非金属元素。
氮
磷
硫
溴
氯
碘
碲
其他非金属元素部首不是“气”就是“石”，而它是“氵”。

嘿嘿，看你如何捅穿我的盾牌！
液态溴的腐蚀性比硫酸还厉害！

哼！看我的液态溴攻击！

我新买的盾牌被腐蚀啦！

盾牌都化了！我要吃了，肚子还不得穿个洞！
哎呀，跟你吃的药是两码事啦……

这这
这……真的
没问题吗？

豁出去啦！
你如果吃了，
我就给你讲个
好听的故事！

是什么好听
的故事啊？
快点讲。
咕咚

腓尼基城邦

唔——
哇，是今年最新款式的贵族服装！
好好看哪！
太华丽了吧。
这尊贵的纯紫色，实在是太美了！
我怎么没有那么华丽的衣服！
是呀，为什么我们的衣服这么丑！

因为只有贵族才能穿紫色。这里的人是腓尼基人，“腓尼基”在希腊语中就是“紫色的国度”的意思。

哼！紫色又不是什么稀奇的颜色！

染料骨螺
10000只
1克
这种紫色染料就是从这种海螺中提取出来的。大约10000只骨螺才能提取1克染料，连裙子边都不够染！

怪不得只有贵族才能穿！

哼！有什么了不起的，我要自己去弄骨螺染色！
你生什么气啊？

臭气熏天
这骨螺厂也
太臭了吧！
骨螺厂

这种骨螺产生的黏液，经
过氧化产生了一种溴化
物，就是它让衣服
呈现紫色的。
不过就是
太臭了……

原来人类在
几千年前就
知道溴了！

不不不，溴是
后来才发现的。
啊？

走，我们
去看看！
快走吧，
这太臭了！

德国实验室

科学家李比希先生，我觉得这是一种新元素，麻烦您鉴定一下！

哼！这些外行商人能拿出什么新发现，鉴定也是浪费时间……

不用鉴定，一看就是氯化碘！
啊……这样吗？

法国实验室

嘿嘿，我要从海藻中提取碘！

法国化学家巴拉尔
这次会有什么新发现吗？

虽然提取碘失败了，但是得到一团黑乎乎的物质。

味道好臭啊……算了，先拿给老师看看。

老师，我发现了一种新元素！
哦？我看看。

好臭啊。

我们把它送到巴黎科学院让专家鉴定一下吧，巴拉尔，你做得不错！
哈哈，多谢老师！

巴黎科学院
我们来鉴定一下巴拉尔送来的液体。

确实是没见过的元素，还是叫它“bromine”（溴）吧！
因为实在太臭啦！

太好了，我发现了新元素！

德国实验室

什么！那团东西是没人发现过的溴元素！
环球科学报

我失去了一次发现新元素的机会！好后悔啊！
李比希先生，您当初不是说那是氯化碘嘛！

啪
噼里
害我损失一笔大生意！

唉，记住教训，科学永远需要严谨的态度！
就是，就是。

这溴的发现还真是曲折啊。我开始不那么讨厌它了。

溴还有一个故事，你们要不要听呀！
好啊！快讲快讲！

给我冲！都给我使劲地冲！
哇哇哇哇哇哇
第一次世界大战战场

把那帮德国人打得落花流水！

轰隆！
日军靠近了！迫击炮一齐发射！
轰隆！
轰隆！

轰隆！
哇！躲避！躲避！
轰隆！

赶紧都给我站起来……
继续冲锋……

这是什么气体？

哇！浑身好痒啊……
咳咳！我睁不开眼！

撤退！
都赶紧
撤退！！
长官跑得
好快啊！

那烟雾是怎么
一回事！
日军全给
熏跑了……

这就是德国的催泪
弹！里面装的就是
溴化物，因为它容
易挥发，特别刺鼻，
又能刺激黏膜！
能让人睁不
开眼睛，一直流
泪，还能引起皮
炎和荨麻疹！
催泪弹

啊！烟飘过
来了，快
逃啊！

咻——
千钧
一发！

怎么样？这次的冒险刺激吧。
吓死了……
哎哟……

呵呵，咳嗽好了吧。
咦！真的！

下次玩雪一定要注意保暖，以防受凉感冒哦。

……
哈哈哈，把雪带到家里来，打雪仗不就不冷了吗！

致命口红

□ 原子序数：35

Br

溴

■ 家族：卤族元素

■ 常温状态：液态

■ 颜色：深红棕色

好厉害的科学家

■ 溴元素分别被两个科学家安东尼·巴拉尔和卡尔·罗威在1825年与1826年所发现。

■ 1801年，德国科学家约翰·里特尔发现在日光光谱的紫端外侧一段能够使含有溴化银的照相底片感光，进而发现了紫外线的存在。

好厉害的溴元素

防火服

灭火器

溴化学检测盒

好厉害的小知识

溴的英文名称“bromine”来源于希腊单词“bromos”，意为“臭味”，因其散发出的浓烈气味而得名。

古埃及女性会向口红中加入溴，可以使嘴唇变成浓郁的红棕色；但不幸的是，少量残留的溴，在不经意间会杀死涂抹它的人。

gào
锆
我就是“装甲专家”

哇！逛商场咯！
哈哈哈，我要大玩特玩！

嘻嘻。
真是的，每次来都乱跑……

当当，你怎么这么讨厌！
？

先去玩具店！
说好先去游乐区的！
不能吵架！

嗯？

特价
钻石
只要
999
哇！特价
钻石……

只要
999
好便宜
啊……

都给我先去
珠宝店！
哇！老妈
轻点！

唉，到底是
一家人……

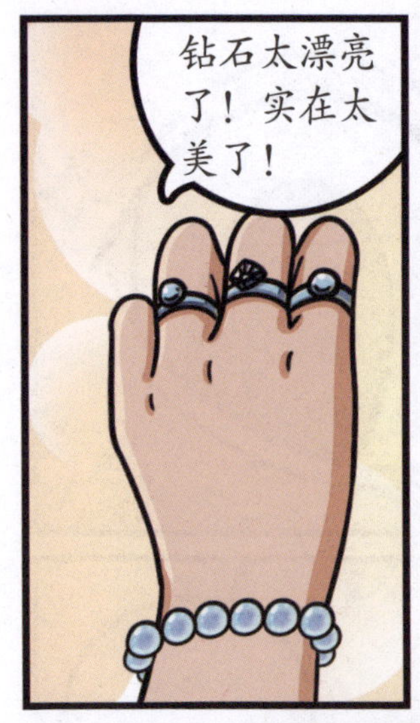
钻石太漂亮了！实在太美了！

我全都要！全都要！
老妈，你冷静点……

这些都不是钻石！
唔！

假钻石？奥特你可别乱说啊。
哪有！

这是锆石，只是折射率和钻石接近，所以看起来像钻石而已！它的主要成分是硅酸锆。

锆石有各种美丽的颜色，被大家认为是宝石。锆石很早就被人们发现了，很多古老语言都有提及它。
阿拉伯语：“Zarkun”（朱砂）。
波斯语：“Zargun”（金黄色）。
希腊语：“Hyakinthos”（蓝紫色花）。

锆是一种银灰色的金属元素，也被核工业界称为“原子能时代的第一号金属”。
IAEA
锆的表面容易形成一层氧化膜，有很强的耐腐蚀性。

那按你的意思，锆石是便宜货、冒牌货呗！

虽然锆石没有钻石贵，但是锆可厉害着呢！

奥特，你别在那捣乱啦！

哼！谁捣乱啦！

带你们去看看！
咻
别别！我要回商场啊！
唉，商场算是逛不成了。

这里是核电站内部，锆可是核电站的功臣呢！
哇！原来内部是这样的啊。

经过我（锆合金包壳管）这里的中子就变得安安静静的了。
能够制作包壳管的材料必须允许中子穿过，自身不会吸收或者仅吸收极少量的中子。如果选择的金属材料阻拦中子或吸收中子，铀燃料裂变时产生的中子在穿越包壳管时就会被捕获，不能再用于裂变反应了。

包壳管面对核燃料，承受着高温、高压和强烈的中子辐照，以及高强度腐蚀性的严峻考验。

那只有锆满足这些条件啊，真是太了不起了！

嘿嘿，这都不算啥！我再带你们见识见识！

叮叮家
轰隆！

咳咳，奥特，这又是哪啊？

啊？这不是咱家的厨房吗？
就是，奥特，你要干什么？

锵
哈哈哈，让我们来一场PK吧！
不锈钢刀
氧化锆陶瓷刀

奥……奥特，你拿菜刀要干什么……
好可怕啊……

嘿嘿嘿……

PK开始！让你们好好见识一下！
哇哇哇哇哇哇
危险行为，切勿模仿

咕咚
咕咚

这次 PK 就是把两把刀分别泡在 5% 的盐酸中。
让我们来看看盐酸对它们的影响。

浸泡一年后，不锈钢的厚度会减少 2.6 毫米，但是氧化锆仅仅减少 0.001 毫米！

叮叮，你把那个菠萝扔给我。

接好了！

嘿！
哈！
唰
唰
唰

哈哈，好吃好吃！奥特，继续切啊！

所以氧化锆陶瓷刀比不锈钢刀耐磨、耐腐蚀、更锋利、更轻便……

金属离子
锰离子
铁离子
并且跟氧化锆陶瓷刀相比，不锈钢刀还会释放金属离子……

奥特！切一
根排骨试试！

啪
嘿哈！
吱

我可没说它
比不锈钢刀
结实呀……

坏了！妈妈
还在商场呢！

希望妈妈
没有买假
钻石……
咻

促销
促销

老妈！

锵——锵
叮叮当当，你们看妈妈美吗？

可是，妈妈，这些都是锆石啊……

反正看起来一样，还便宜，对吧！锆石真是个好东西！

以假乱真的“钻石”

□ 原子序数：40

Zr

锆

■ 家族：过渡金属元素

■ 常温状态：固态

■ 颜色：银灰色

好厉害的科学家

■ 1789 年，德国化学家克拉普罗特在锆石中发现锆的氧化物，并根据锆石的英文命名了锆元素。

■ 1824 年，瑞典化学家雅各布·贝采利乌斯成功分离出金属锆。

■ 20 世纪 60 年代，中国科学家殷之文解决了一系列 PZT 陶瓷的制造工艺问题，被誉为“锆钛酸铅压电陶瓷首创者”。

好厉害的锆元素

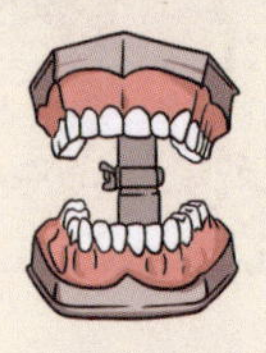

人造牙冠

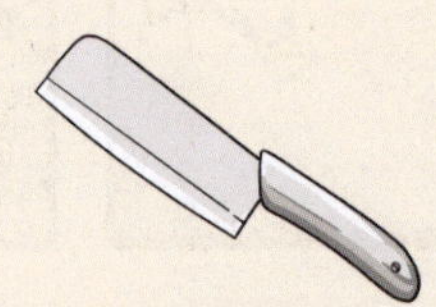

陶瓷刀

锆石饰品

好厉害的小知识

锆的英文名称“zirconium”以矿物锆石的英文名称“zircon”命名，在波斯语中意为“金色的”。

锆的硅酸盐晶体锆石是可以与钻石相媲美的。锆石具有仅次于钻石的折射率，以及很高的色散率，经珠宝匠精心切割、打磨后可以放射出璀璨的光彩。

niè
镍
拥有超强记忆的“最强大脑”

我说，你们两个死死盯着闹钟半天了，到底在干什么啊？

当然是在等妈妈从商场买新衣服回来啊。

咔嚓！

回来晚了，商场人太多了。

叮叮、当当、奥特！快来试穿新衣服吧！

哇，新的连衣裙和外套！
新款马甲，谢谢妈妈！

老婆，给我买的新衣服呢？

啊？这……
处理
拿去，给你买的特价衬衣。

这衣服好难穿啊！

今天就穿着新衣服睡觉，做梦也要帅帅的！
喂，先帮我下啊……

呼噜……
呼噜……
怎么也穿不上去……

第二天早上……
啊！妈妈、当当你们快来啊！

老哥，你怎么啦？

老哥，你脸上怎么回事啊？
怎么突然长了好多痘痘？
哎哟喂……

看起来像是过敏引起的。

奇怪，平时的老哥壮得跟牛一样，怎么会过敏呢？
有吗？

哈哈！终于穿好新衣服啦！

叮叮，你脸上疙疙瘩瘩的是什么？跟癞蛤蟆一样。
扑哧！

气死我了！正难受呢，还嘲笑我！
开玩笑的……

检测结果：纽扣含有镍元素
嗡嗡嗡嗡

我懂了！你是镍过敏！

啊？镍！那又是什么玩意儿？
老哥，你先别说话，给你抹药膏呢。

总之赶紧把新衣服脱下来！
奥特，你干什么！

奥特！你又发什么神经！
丢
这个绝对不能要！

镍元素
原来如此……
你新衣服上的纽扣和拉链，这些合金中含有金属元素镍。
别扔了啊……

什么！鬼？
镍的德文名字“Nickel”，意思是“骗人的小鬼”！

咱们去看看它是怎么骗人的吧！
噼里啪啦！

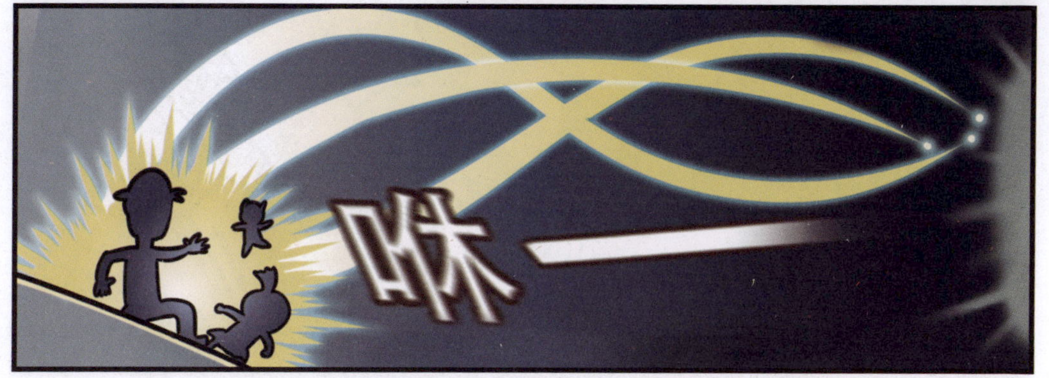
咻

17世纪末
欧洲某砷矿
叮叮叮
当当当

咣当！

哈哈！一下子挖到这么多矿石，发财了！发财了！

骗人的小鬼！
你的矿石炼出来的根本不是铜！

牌子上写的不是砷矿吗？为什么他们说有铜呢？

因为当时的人们还不知道这种矿石是砒镍矿。
砒镍矿

Nickel！！
当时人们认为它是铜和砷的混合物。“Kupfer”在德文中是“铜”的意思。
而“Nickel”是骂人的话，大意是“骗人的小鬼”。因此“Kupfernickel”一词可以意译为“假铜”。
嘿嘿嘿！

那镍后来是怎么被发现的呢？

这多亏了瑞典科学家！

1751年，瑞典科学家在矿石里发现了铜和一种新元素，并给它取名为“小鬼”！ Nickel！
怪不得镍的元素符号是Ni！

其实，中国早就有这个东西了！
真的吗？
走！我们去古代的云南瞧瞧！
哇！新衣服！

公元4世纪 云南
这里是晋代云南集市。
好家伙，跑到晋代来了！
酒家

客官，刚编的筐，要不要来一个？

叮当

当时的人们已经发现并开采白铜矿了。
瞧见了没，这钱就是镍白铜铸造的。
镍白铜

哇，这些亮晶晶的是什么？

这是镍白铜铸造的工艺品。

这些工艺品在当时还出口到国外。现在波斯语、阿拉伯语中还把白铜叫作“中国石”呢！
“中国石”好看！好看！

老哥，我喜欢这个小象，给我买吧。
别傻了，现代的钱在这里是用不了的。

能不能加一下我老妈的网购电话，让她转账给你。
我晕！

啊啊啊！我想要那个小象！
咻
再带你们去见识见识镍的作用！

某工厂
轰隆！

奥特，这是哪里啊？
咳！
咳！

奥特，那个吊着的大圆盘是什么啊？
那个叫“电磁起重机”。

轰隆！

嗡嗡嗡嗡
这起重机怎么没有爪子呢？

镍
钴
铝
镍有磁性，如果它和铝、钴结合，那磁性就更厉害了。
当它们被电磁铁吸引的时候，不光自己会被吸上去，还能直接吸上比自己重很多的东西！

这就是电磁起重机！
好厉害！

！
噔噔噔噔……
？

坏了，奥特被电磁起重机吸走了！
哇哇哇！快救我下来啊！

当当，你快去按那个红色的开关！
我来接着奥特！

终于救下来了，虚惊一场。
吓死我了……

啊？奥特，你在说啥？
对了！镍还有记忆力呢！

咻—
带你们看一个大场面！

看到了吗？它就是镍钛合金的。
你们注意那个宇宙飞船顶端的小球！

随着太阳的照射温度越来越高……

嗡嗡嗡嗡

见证奇迹的时刻到了！变形完成！

奇怪！到底是什么在操纵小球变形呢？

科学家用镍钛做成了这个碗状的天线，然后再把它揉成一个小球。
当温度渐渐升高时，天线就会根据自己的记忆，百分百恢复到最初的形状。

而且这个过程可以重复500次，绝对不会发生断裂！
太先进啦！

啾
啾
啾

哈哈，我有一个大胆的假设！

如果我的身体也能像镍钛合金那样有记忆就好了！我就可以放开肚皮吃东西了！

嘿嘿，你确定要这种本事吗？要不要看看你恢复出厂设置时的模样。
嘻嘻！

哈哈，老哥，你婴儿时期长得好搞笑啊。
啊？不许看！羞死了！

没了它就变老

□ 原子序数：28

Ni

镍

■ 家族：过渡金属元素

■ 常温状态：固态

■ 颜色：银白色

好厉害的科学家

■ 1751 年，瑞典矿物学家克龙斯泰德发现了镍。

■ 1929 年，近代化学史家、分析化学家王琎曾分析过我国一古代白铜文具的化学成分，证明其中含有 6.14%的镍。

好厉害的镍元素

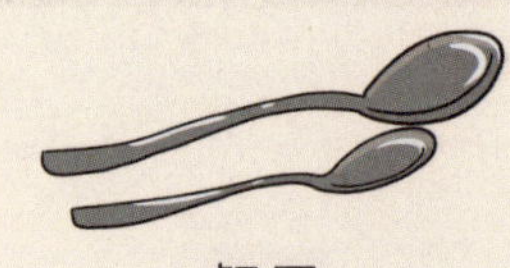

餐具

镍基合金硬币

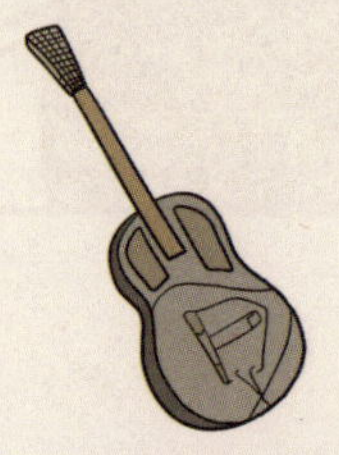

镀镍吉他弦

好厉害的小知识

古巴比伦、中国是最早了解和使用镍的国家。据考证，我国早在二千多年前的西汉便已懂得用镍来制造合金。李时珍的《本草纲目》和宋应星的《天工开物》中更有详细的关于用砒镍矿炼白铜的记载。人体接触过多的镍会导致过敏，但缺乏镍元素则容易衰老、缺乏活力。